纵然明日离世,
不碍今日浇花

[日]樋野兴夫 著
程亮 译

江西人民出版社

谨以此书献给
恩师菅野晴夫先生和 Alfred Knudson 博士。

目 录

前 言 1

第1章
人生的职责完成之前,人是不会死的 1

短短两个小时的生命也有职责 3

了解自己的人生所依 8

与其面面俱到,不如择一而行 12

慢一圈的人生恰到好处 16

承认力所不及,方知力所能及 19

"存在"比"做事"更重要 22

烦恼源自比较 25

峰顶唯一,但是通往峰顶的道路并不唯一 28

第2章
将自己的人生视为礼物 31

纵然明日离世,不碍今日浇花 33

人生是好是坏，由最后5年决定　36

每天用一个小时考虑自己的事足矣　40

生命并非自己的财产，而是上天的赐予　43

年过花甲还只顾自己是可耻的　46

为他人牺牲自己　49

重视幽默，更重视你　53

伟大的管闲事能免去所有人的烦恼　57

第3章
真正重要的东西在垃圾箱里　61

真正的好东西存在于微不足道的事物中　63

竭尽全力，"偷偷"担心　66

心与心的对话，能让所有人展露笑颜　69

无论身家几何，都能赠语　73

不要期待人生，要认为人生正在期待自己　77

伟大事物的源头小得惊人　81

第4章
生命没有期限　85

死亡是确定的，何时死亡则是有概率的　87

多半事情无须理会　91

目录

不明白"为什么"无妨,知道"怎么办"就行　94

活鱼逆流而上　97

人在苦难中拼搏的身姿令人感动　100

最终还是需要人与人的互相接触　103

除了工作,还要做一件自己喜欢的事　106

患病未必是病人　109

第5章
留到最后的是人与人之间的牵绊　113

在集体中才能了解"自己"　115

不要害怕独处　118

世上总会有一个关心你的人　122

即使对方错了也不要否定　125

你能夸赞一个人3分钟吗?　128

不如怜取眼前人　132

他人的谩骂不过是蚊子的叮咬　135

不要刻意唤起爱　139

真正正确的话不会伤人　142

相遇促人成长,助人更上层楼　145

纵然明日离世，不碍今日浇花

第 6 章
小习惯使心灵富足　149

　　觉得"好"的事情就去做，不用找人商量　151

　　难事大家一起做　155

　　仔细观察每天发生的事　159

　　读书的收获多过亲身经历所得　162

　　咬紧牙关夸赞别人　165

　　创造一个空阔无拘、来去随意的场所　168

　　忙碌的模样使人心扉紧锁　171

　　若是觉得人生太累，不妨去墓地看看　175

出版后记　178

前　言

　　一旦患上癌症，很多人就会开始在意死亡。其中，约有三成的人会出现抑郁症状，丧失对生活的希望，迷失于生存的意义，深深陷入抑郁状态。

　　然而说是抑郁，却又不是抑郁症，所以非药石可医。

　　鼓励和支持的话虽然也有效果，但遗憾的是治标不治本，患者当时可能感觉自己变得精神振奋，心态积极，可是一回到家里独处，就会再次被不安和恐惧笼罩。

　　想消除抑郁症状，就需要使患者的思想积极起来。要做到这一点，一个有效的契机是"话疗处方"，也就是触及人类本源的提问。

癌症哲学门诊的诞生

　　2008年1月，一项以"填补医生和癌症病人之间的空隙"为目的的实验启动了。这个实验便是癌症哲学门诊。

作为"医生和患者站在平等立场上谈论癌症"的场所，该实验性质的特殊门诊设立于日本顺天堂大学医学部附属医院，其创始人是在顺天堂大学医学部任病理学和肿瘤学教授的病理学家樋野兴夫，也就是我。

病理学家不同于出门诊的临床医生。我们并不接触患者，我们的主要工作是在实验室里观察癌细胞，并对死者进行病理解剖（解剖遗体，查明死亡原因）。

是癌症哲学门诊让我的研究走出了实验室。

在癌症哲学门诊，我会表现出"悠闲的面貌"，为患者及家属进行"伟大的管闲事"。我和患者之间只有茶水和点心，没有病历本、听诊器，也没有纸和笔。

在交谈过程中，我会以一个具备专业知识的普通人的面貌，而不是以医生的身份去面对患者。

面谈大概持续30分钟到一个小时，时间充足得甚至令患者感到不安："占用这么多时间不要紧吗？"

至于"悠闲的面貌"和"伟大的管闲事"具体何指，到正文再做交代。只要先知道，这两点正是当今的医疗最欠缺的就够了。

在癌症哲学门诊，我既不开药方，也不采取任何医学性质的治疗手段，而是给每一位来面谈的患者开出"话疗处方"。

处方内容因患者的状态而有所不同。正如感冒、高血压、糖尿病等不同病症要用不同的药来治，话疗处方也是由患者的症状决定的。

非死有大事

本书的题目《纵然明日离世，不碍今日浇花》，便是"话疗处方"之一。这句话的原型是马丁·路德（德国神学家、牧师）的名言，经过我的改编，其含义如下：

最好不要认为"没有什么比生命更重要，活着是最重要的"。

生命诚可贵，但"有些事比生命更加重要"的观念，能让我们度过幸福的人生。

一旦认为"没有什么比生命更重要"，死亡就会变得消极，成为生命之敌，使人心怀畏惧地活着。

为了找到比生命更重要的东西，请把心扉打开，关心自身以外的事物。这样一来，你就能发现自己被赋予的人生职责和使命了，而一旦发现，就要贯彻到生命的最后一刻。

也就是说，纵然明日离世，不碍今日浇花。

我们每个人都有各自被赋予的职责和使命，也许是善待家人，也许是为身边的人带来快乐和活力，也许是帮助处境不如自己的人，甚至是改变世界等更伟大的使命。具体内容因人而异，没有固定答案。

人生的职责和使命要靠自己寻找，我所能做的，就是提供有启迪性的良言。

在精力充沛或诸事顺利的时候，很少有人会考虑自己的职责和使命，因为不琢磨这些事也能过得很好。

可是一旦身患重病或面临难关，很多人就会对自己的人生方向感到迷茫了，或为过往的人生而悔叹，或为今后的人生而忧虑。

人一旦失去目标，丧失生活的意义，就会变得脆弱。

反之，已经找到自己的人生职责和使命的人是强大的，甚至寿命的长短也会因有无职责感和使命感而大相径庭。实际上，我就曾见过无数足以令人相信"人的寿命可由自己左右"的事。

来癌症哲学门诊的患者，都能在话疗处方的帮助下恢复活力。离开时，他们的脸上神采奕奕，仿佛在身体里发现了光。迄今为止，所有来癌症哲学门诊的患者都有不同程度的好转。可以说，话疗处方毫无副作用。

人活在世，总会遇到一两件或厌恶，或痛苦，或为

前　言

难的事。就算不患病，也得面对严峻的问题。

在这种时候，请回忆本书所介绍的话疗处方，它能让我们活得远比现在轻松。只要能想起那些金玉良言，就能围绕它们去思考，从而站在积极、正面的角度看待问题。

我不知道哪句话对你有效，但肯定有那么一两句话，能够打动你的心灵，引导你的人生走向更好的方向。

肯定有些事只有你才能做到。很多时候，只要把目光投向自身以外的事物，就能有所发现。

纵然明日离世，不碍今日浇花。

樋野兴夫

第1章

人生的职责完成之前,人是不会死的

短短两个小时的生命也有职责

目前,我正在日本顺天堂大学医学部任病理学和肿瘤学教授。可能有很多人知道我是癌症哲学门诊的顾问,但我的本职工作其实是在大学工作的病理学家。

医生的工作大体上分为两种,一种是出门诊为患者诊察的临床医生,一种是坐在实验室里用显微镜观察细胞的基础医学研究者。病理学家属于后者。

不同于接触活人的临床医生,病理学家接触的主要是死人(遗体)。

如今出于指导者的立场,我已不再亲自操刀,但从20岁到40岁,我曾做过大量的病理解剖。虽然不清楚准确的数字,但应该超过了300例。

当我不得不解剖那些"人生从今始"的年轻人，和出生不久的婴儿时，我感到人生空茫。

"这孩子生到这个世界上，到底是为了什么？"

那时我还年轻幼稚，不知道这个问题的答案。

每次从尸体里取出内脏，望着空空如也的体腔，我就忍不住问自己："活着究竟是怎么回事？死亡又是怎么回事？"

人类是一种忽视自身寿命的生物。即使无数次重复病理解剖，哪怕明知道人必有一死，我也无论如何不会去想象明天就是死期的情景。

人本来就是这样的生物。

可是一旦患上癌症，情况就会变得不同，会在突然之间真切地感觉到死亡。实际上，半数的癌症患者都能治愈（如果提早3年发现，有70%的人可以治愈），但"癌症＝死亡"这个公式会在脑海中反复掠过，然后人就会开始寻求生命的支柱——

"我生到这个世界上是为了什么？"

"我希望如何度过余生？"

"为此我该做些什么？"

不知从何时起，我开始思考虽死犹生是怎么一回事。大概是因为我的工作便是由死观生吧。

第1章 人生的职责完成之前，人是不会死的

然后我开始想，每个人都有其被赋予的职责和使命，哪怕是刚出生两个小时就不幸夭折的婴儿也不例外。这样的生命，其出生乃至活过的时间，都是留给生者的礼物。

时隔10年之后，我曾与那个婴儿的父母重逢。当时他们对我说："正是因为那孩子的出生，才有了现在的我们。我们想连带孩子的那一份一起，快乐地度过美丽的人生。我们至今仍会时常想起、聊起那孩子。尽管他的人生极其短暂，但我们现在觉得，那孩子有他自己的职责。"

无论人生多么短暂，只要活着，每个人都有自己的职责。关键在于有没有意识到这一点。

谈论人生的职责时，经常有人这样问我："您的人生职责是什么呢？方便的话请告诉我。"

要是能用一句话来回答就好了，可惜没那么简单。

即使早已见过数不清的死亡，我至今仍在寻找自己的职责。一边活着、走着，一边不断寻找。

这不就是所谓的人生吗？

特蕾莎修女终生都在强调："我只是上帝手中的一支铅笔。"

借用她的话来说，归根结底，人生就是"磨秃的铅笔"。

我年少时生活在乡下，勤俭节约在那里被视为美德，所以我一直耐心地、小心地用"磨秃的铅笔"写作业。

问题并不在于"铅笔"的长短，而在于用它写了什么。那不正是我们每个人被赋予的职责和使命吗？

思考死亡是重新审视人生的契机

人活着就有使命。
问题并不在于寿命的长短,
而在于做过什么。

了解自己的人生所依

人一旦失去目标,丧失生活的希望,就会立刻变得脆弱不堪。

这时心扉紧闭,以前丝毫不在意的事情也会让自己想不开。

被告知患上癌症的患者中,约有30%的人会出现抑郁症状。然而说是抑郁,却又不是抑郁症,所以很难通过药物来缓解。

为了让陷入抑郁的人重获生活的希望和目的,癌症哲学门诊会为患者开出话疗处方。

例如:

第1章 人生的职责完成之前，人是不会死的

"你的定位是什么？"

"你的存在是为了什么？"

"你觉得怎样做才能使余生变得充实？"

对于迷失自我的患者，我会对他们说这些触及人类尊严的话。

顺利时，我的提问会让患者重新审视自己以前很少留意的"自我"，即我们存在的根本（根基）。

"你在哪里？"

人生一旦失去根基，一切便都成了空中楼阁。

只要根基足够稳固，即使遇到暴雨、洪水、大地震，也能经受得住。

通过每次一小时的面谈，帮助每一位患者找到各自的人生根基，是癌症哲学门诊的重要职责。

花多少时间并不重要，重要的是如何提问，怎样把隐藏在每个人内心深处的东西挖掘出来。医生说些鼓励的话，患者当时或许也能恢复活力，但那只是表面现象，一旦患者回到家里独处，寂寞和孤独就会如潮水般涌来，将其再次推回到抑郁状态里。

要想消除抑郁症状，使心扉敞开，必须让患者面对人类最原始、最终极的问题——"我来到这个世界上是

为了什么？"

患癌症之前从没考虑过这个问题的患者是这样回答的："原来面对人生的契机会以意想不到的方式降临。"甚至还有人表示"幸好得了病"。

从现在开始也不晚。

请找到你的人生所依，然后像我敬爱的内村鉴三在其著作中所写的那样：在我死去之前，难道不该让这个世界变得比我生来时更好吗？哪怕好上一丝也好。（《留给后世的最大遗产》）。

苦境正是面对自我的契机

认真思考：我来到这个世界上是为了什么。

与其面面俱到，不如择一而行

一个人如果被医生下达了生命的最后通牒，他会用所剩无几的时间做什么？

如果是我，会先接受自己患癌的事实，然后考虑人生的优先顺序，寻找对自己而言真正重要的东西。

人的一生中真正重要的东西很少，至多不过一两样。我肯定会为之集中全力。

我会把别人也能做的事情交给别人，专注于只有自己才能做到的事。

多数事情都是别人也能做的，这样的事应该尽量给别人去做。如此一来，就能把空余时间用在只有自己才能做到的事情上了。

例如，公司的工作便是如此。倘若一个人独揽所有工作，有再多的时间也不够。如果你有下属，就应该把下属也能做的工作交给下属，自己留出时间去做只有你才能做到的事。

会议也是如此。自己不去就开不成的会议当然必须出席，但有些会议没你也不会出问题，这样的会议就应该只在空闲时出席，其他的统统让给别人。

像这样有选择地对该做的事情加以取舍，以前挤得满满当当的日程表就能露出一道道缝隙来。露出缝隙，就是得到"闲暇"，就能做自己真正想做的事了。

拥有"非我不可"的职责感和使命感的人，看起来都很空闲，至少我迄今见过的人无一例外。

有地位、有名誉的人，其实有很多事情要做，所以本该是很忙碌的，但是他们了解做事的优先顺序，因此不会事必躬亲，而是会把绝大部分事情交给别人去做，他们只做那些只有自己才能做到的事。

所以他们明明很忙，看起来却有很多时间，也就是表现出所谓的"悠闲的面貌"。

以前的伟人们莫不如是。他们过着你自"面面俱到"、我独"择一而行"的人生。

不管什么事都"我来，我来"的生活方式，是没有品格可言的。

我在出云大社①的土特产上偶然发现的"错觉十条"中有这样一条:"其实很少,以为很多的都是徒劳(少ないつもりで多いのがムダ)。"

确实如此。我们回顾每天的生活,就会深切地感受到这句话的现实性。

人生与其面面俱到,不如择一而行。

我想选择旁人难以替代的生活方式。

---

① 位于日本岛根县出云市,是日本最古老的神社之一。

只有自己才能做到的事情其实很少，请为之竭尽全力

不要什么事都"我来，我来"，

把绝大部分事情让给别人去做。

如此一来，品格自生。

慢一圈的人生恰到好处

  人生的赛跑是相对而言的。谁正跑在前头,旁人看不清楚。你哪怕慢了整整一圈,在别人看来或许反倒是领先者呢。

  我小时候跑不快,参加长跑比赛总是被领先的人甩下一圈。当时我既不甘又羞愧,可是如今回头再看就觉得,慢一圈的人生恰到好处。跑得缓慢,心就从容。在人生的跑道上,从容的心态和自如的品格至关重要。

  率先抵达终点的人固然厉害,但绝不是说只有第一名才有价值而倒数第一毫无价值。倒数第一也有不同于第一名的价值。落后一圈的人坚持跑完全程的身姿,会令观者心生感动,平添勇气。也就是说,落后的人也有其相应的职责。

我称之为"慢一圈的职责"。

纵然因为患病而落后于别人,也不用着急。

纵然因为失败而浪费了时间,也不用着急。

纵然事情进展不顺,也不用着急。

始终保持从容和品格才是重中之重。

人生是相对而言的。与其气喘吁吁、恶形恶相地跑在前头,不如哼着歌儿跑慢一圈。

第一名和最后一名，
都有各自不同的价值

即使慢了整整一圈，
坚持跑完全程的身姿也会令人感动。
坚持下去才是关键。

承认力所不及，方知力所能及

你有缺点，也有优点。

不都是缺点，也不全是优点。

请先记住这一点。

每个人都是不同的。相貌不同，声音不同，性格不同，优缺点也不同。从这个意义上讲，我们并不平等。

听说最近有人建议孩子们的运动会不要再排名次，我认为这是误解了平等的含义。

真正的平等，是从承认对方的能力开始的。如果自己做不到的事对方能做到，就该承认对方的能力。反之，如果有你能做到的事而对方做不到，对方就该承认你的能力。

这才是真正的平等。

社会成立的前提，是必须确保第一是第一，第二是第二，最后一名是最后一名。排名次既是承认对方的能力，也是承认自己的能力。不能认可对方的人，也无法认可自己。换句话说，就是没自信。

若能像认可对方一样，承认自己的不足，就能知道自己能做到什么，做不到什么。这关系到你的职责和使命。

我们每个人都被赋予了职责和使命，在这个意义上可谓人人平等。但是，每个人肩负的职责和使命是不同的，从这个意义上来说又是人人不平等的。

排名次正是平等的体现

每个人被赋予的职责和使命是不同的,关键是要承认自己的力所能及和力所不能及。

"存在"比"做事"更重要

有个做丈夫的,以前一直对相伴多年的妻子颐指气使,如今妻子患癌住了院,尽管他很在乎妻子的健康状况,却说不出安慰、温柔的话。他很是为此苦恼,就来找我商量该怎么办。我回答他:

"什么都不说也没关系,请默默地陪在您夫人的身边,就足够了。"

他默默地点了点头。他的夫人一直坐在附近看着我们交谈,无声无息间已泪流满面。

明明知道自己必须做点什么,却不知道该做什么好;明明知道怎样做比较好,却因踌躇不决而无法践行。

大概正因为是常年在一起生活的夫妻,所以有些事情反而难以做到吧。

共享时间和空间,这本身就是有价值的。对于困境中的人来说,仅如此便已弥足珍贵。

有一位身患癌症正在疗养的老年女性,平时总是看上去很开朗。可是有一天,她向我坦露了心声:"我不想给家人添麻烦,一直抱着这样的想法坚持到了今天。可我已经卧床不起,净给大家添麻烦了。请您尽快送我去另一个世界吧。"

经常有人来探病,前几天,她的孙女喊着"奶奶"来看她。她看着孙女身上的衣服朗声说:"你今天打扮得也很可爱呢。"

孙女笑着回答:"很可爱吧,这是我打工赚钱买的。"

我看着两人交谈,过后对她说:

"就算卧床不起,你活着也有足够的价值。你的存在、温柔的笑容、关怀的话语,不是给看望你的人带去了勇气和好心情吗?"

你的存在本身就有价值。

做事(to do)之前,得先思考自己该如何存在(to be)。

也就是说,"to be"比"to do"更重要。

人生中总有那么一些瞬间,让你在考虑"做事"之前,先重视自己的"存在"。

什么都不做也没关系，
只是默默地陪伴，
也能慰藉对方的心灵

没必要勉强做什么，
你的存在本身就有价值。

烦恼源自比较

我们活着,从小就和别人比较——工作、收入、学历、相貌、家世……因为攀比,所以烦恼不尽。

所有人的烦恼皆源自攀比。

来癌症哲学门诊面谈的患者中,有人因为患病而在工作中被晾在一边,或是工作岗位被调换,于是失去了生活的目标。

我会对这些人说:

"工作还是清闲一些为好。任何工作,任何职场,只要能满足衣食住不就挺好吗?能拿到生活所需的工资就行了。"

结果所有人都说:

"要是那样的话，我的存在还有什么意义？我想像以前一样工作。难道我已经变不回曾经的自己了吗？"

他们把现在的自己跟患病前的自己做比较，认为以前的自己是最好的。

一个人因为攀比而或喜或忧，是因为他还没找到人生的职责。只要找到自己的职责和使命，知道自己正在做"旁人难以替代"的事，就不会产生攀比的念头了。

我们生到这个世界上，长大成人，最后死去。如果只关注这个过程，就会跟别人攀比。

身为病理学家，我面对过大量的病人遗体，所以我能总结出与一般人稍有不同的见解。

从死亡的角度重新审视人生，就会发现攀比不值一提。比他有钱，比他有权，比他有名——这些事在死亡面前有何价值？面对遗体，我想到的是，"这个人究竟度过了怎样的人生？""他是否活出了自己的风采？""他是否完成了自己的职责？"其中压根没有攀比插足的余地。

我时常想，如果自己不是病理学家，恐怕就没有癌症哲学门诊了。

世间的烦恼皆源自攀比。只要能认识到自己本来的职责，就不会攀比，烦恼也会一下子少很多。

比起昔日精力充沛的自己，现在的自己是"最棒"的

不要跟别人攀比。

不要把现在的自己跟过去的自己做比较。

烦恼大多源自比较。

峰顶唯一，但是通往峰顶的道路并不唯一

  当你想达到某个目的时，希望你能记住一件事：实现目的的方法并不唯一，有多种方法可供选择。如果某种方法不顺利，不妨试试其他方法。

  这同登山一样。峰顶只有一个，但是通往峰顶的道路却并不唯一。也可以说，有多少人，就有多少条路。

  发明大王托马斯·爱迪生在发明出电灯泡之前，据说经历过一万次失败。对此，爱迪生留下了这样的名言：

  "我一次也没失败。我只是发现了一万种不成功的方法。"

  以前我亲自做病理解剖那会儿，不像现在规定了受理时间，比如"从早几点到晚几点"。当时无论是凌晨

还是深夜，只要一个电话，我就得立刻赶过去。可以说，那时我根本没有属于自己的时间。

我也曾为此感到烦躁不安，但正如"人的死亡"一样，为了自己无法掌控的事情或喜或忧，根本无济于事。况且，世间之事多是暂时的，只要当时捱过去，问题就会在不知不觉间得到解决。

即使目标只有一个，通向目标的道路也并不唯一。有些路可能会多花时间，但在紧盯目标的同时，不妨以更悠然的心态，享受绕远的乐趣，然后随机应变即可。这样活着也不错呢。

我现在回望当初的自己，就是这样想的。

不妨以更悠然的心态看待事物

有些事情,正因为花时间才能明白。

有些东西,正因为绕远路才能看见。

第2章

将自己的人生视为礼物

纵然明日离世，不碍今日浇花

"纵然明天就是世界末日，也不妨碍我今天种下苹果树。"

据说这是马丁·路德的名言。

我把这句话稍作改编，变成"纵然明日离世，不碍今日浇花"，送给患者们。

如果明天将死，你会做什么？

是会出于危在旦夕的生命和刹那之间的心情而沉湎于享乐，尽情地吃喜欢的食物，做喜欢的事情？

还是会把自己关在房间里，怕得瑟瑟发抖，悲叹于自身的不幸命运？

抑或是一个劲儿地求神拜佛？

马丁·路德说"不妨碍种下苹果树",我告诉患者"不碍今日浇花"。种下苹果树、浇花,除了"完成每个人被赋予的义务"的含义之外,这些话里还包含着更重要的信息。

你认为是什么?

是关心自身以外的事物。路德寓其意于"苹果树",我寓其意于"花"。

如果只顾自己,就会逐渐丧失职责和使命。关心自身以外的事物,则有助于发现自己该做的事。

内村鉴三在《留给后世的最大遗产》中如此写道:

> 应该留给后世的遗产中,固然也包括金钱、事业和思想,可是多数人并不具备相应的才能。但这绝不是说,我们无法给子孙留下任何东西。任何人都有其能够留下的最大遗产,那便是勇敢而高尚的生涯。为善而战的正义生涯本身,就拥有最宝贵的价值。

与其过着"我"的人生,不如在死前关心身外的事物。那不正是内村所说的"高尚的生涯"吗?

**关心自身以外的事物，
就能发现自己该做的事**

任何人都有仅自己才能留下的遗产。

人生是好是坏，由最后5年决定

我们的人生，是由最后5年的生活状态决定的。

说得极端些，年轻并不重要，用一生换来的地位、名誉、财产也都无所谓——最后5年才是最重要的。

在最后5年，完成自己的职责后死去，就是给生者留下"礼物"。留下一大笔钱或气派的豪宅固然也行，但那不是每一个人都能做到的。唯有所有人都能做到的事，才是最重要的。

"5"这个数字，并没有切实的依据。但我至今接触过众多的癌症患者，在追溯他们的生涯时，我最关心的就是"这个人在最后5年度过了怎样的人生"。

很多患者都在死前给这个世界留下了礼物：

"即使患上癌症,也不要放弃生的希望。"

"应该关怀他人多于关注自己。"

"不管自己有没有生病,都应该帮助处境不如自己的人。"

他们的生涯是一种楷模,使他人平添勇气——"从前的那个人就很顽强,所以我也得再加把劲。"这样的礼物不同于金钱或财物,会深深地铭刻在记忆当中。

你不可能给所有人留下礼物。只要能留给关心、陪伴着你直到最后仍不放弃的人,就已足够。

从什么时候开始都可以,与年龄无关。有人从20多岁就开始思考,有人从40多岁开始思考,还有人年过七十才开始思考,这都不要紧。因为人类是忽视自身寿命的生物。

不管是已经患上癌症,并且反复复发、转移,已经接到病危通知的人,还是正在精力十足地工作的人,都应怀着"明天死亦无妨"的觉悟度过5年中的每一天。至于以前是怎样的生活方式,无须再去理会。

你知道胜海舟[①]的临终遗言吗?

[①] 胜海舟,江户时代末期至明治时代初期武士(幕臣)、政治家、军事家、教育家、维新元勋。

是"至此终焉"。

我们每个人被赐予的"生命"便是如此,"死亡"也是其中的一部分。我们的生命会迎来怎样的终结呢?

"死亡"是留在我们人生中的重要任务。

人生是好是坏,由最后的5年决定。

以前的生活方式无须理会

请像面对人生的最后5年一样,
时刻竭尽全力而活。

每天用一个小时考虑自己的事足矣

我们每个人都会忍不住考虑自己的事。

作为一个人，完全不想自己的事是不可能的。

不过，减少为自己考虑的时间，还是可以做到的。

如果从前你一天到晚都只是在考虑自己的事，现在不妨试着将注意力的一半，哪怕三分之一也好，放在别人身上。有些时候，仅仅如此就能解决问题。

一个人在得知自己患有癌症的瞬间，头脑会被这件事完全填满，而无法思考其他事情。

在这种时候，立刻转变或许很难，但你可以努力把注意力从深陷烦恼的自身上挪开，投向自身以外的事物。

有时候，深入地省视自己，能够消除困扰着我们的

第 2 章　将自己的人生视为礼物

不安、困难和恐惧。但有时则与之相反，我们越是在意，不安和烦恼就会变得越强烈，令我们惧怕，束手无策。

当深入思考负面作用时，不妨试着放弃"自己"，忘记自己的事，把注意力转向其他事物，比如家人、孩子、社会、地区……只要是自身以外的事物就可以。

"不要理会自己，不要在乎自己，要为了改善自己而有意无视自己。"

这句话出自莫里斯·曾德尔神父之口。

过多地考虑自己的事，有时反而会因为紧张而导致事态恶化。在这种时候，不妨尝试一下"无视自己"的生活方式。

有意尝试"无视自己"的生活方式

有时,只把注意力投向外部,
就能解决问题。

生命并非自己的财产，而是上天的赐予

前几日，我在报纸上看见这样一则报道，

"一名因患晚期肿瘤而被宣布只剩半年寿命的美国女子（当时29岁），按自己的事先声明选择了安乐死。她服下医生提供的药物，平静地结束了自己的生命。"

依日本人的观念，安乐死和尊严死是有区别的。在医生的监管下使用药物主动求死的行为属于"安乐死"，尊重患者的意见，不采用延长生命的措施的行为属于"尊严死"。

日本的法律并不认可安乐死，我本人也认为安乐死有问题。我们每个人的生命都是上天的赐予，并不属于自己。自己的东西当然可以随意处置，然而生命并不是谁的财产，而是上天的赐予，所以必须珍而重之，在离开这个世界时悄悄地还回去。

主动放弃延长生命的措施的尊严死是应该得到认可的。尊严死是看淡生死，不以自己的意愿来决定如何处置被赐予的生命，顺其自然。

孩子也是一样。孩子（的生命）并不是父母的财产。

诚然，在孩子达到一定年龄之前，父母必须保护孩子，但随着孩子长大，父母就必须主动放开孩子。

在绝大多数情况下，亲子关系不好的原因，正是父母把孩子当成了自己的财产。

生命和孩子，皆是上天的赐予，所以必须珍而重之，终有一天需要归还。

上天赐予的东西,
终有一天需要归还

生命的问题不该由自己决定。

年过花甲还只顾自己是可耻的

我们每一代人都有着各自的职责。

20到40岁的人，沉默而笨拙地按照别人的意见做事。

40多岁的人，专注于自己想做和喜欢的事。

50多岁的人，积极照顾周围的人。

即使年过六十，只顾自己也是可耻的。

虽说人到老年，往往无力照顾别人，反而需要别人照顾。

但到了那时，只要为别人着想就行了。这就是你被赋予的职责。

人生，是极不讲理的。

即使人生不顺，一味发牢骚也改变不了终将死去的事实。所以，我们只能以"痛苦也是人生中的学习和收获"

的心态接受现实,尽力完成自己被赋予的职责。

圣经里有这样的话,

"年轻人见幻想(vision),老年人见梦想(dream)。"

幻想和梦想的区别是什么?

年轻人会在头脑里描绘自己的人生幻想。所谓幻想,指的是每个人用一生去实现的目标。

老年人则会描绘自己终其一生也无力达成的庞大梦想。所谓梦想,指的是比幻想更大的构想。

梦想未必能在生前实现。也许会在30年后实现,也许是50年后,或是百年以后。没人知道。

即便如此,从胜海舟的精神出发,我认为"像明天就会发生般地谈论30年后的事",就是年长者被赋予的职责。

梦想在自己生前没能实现也不要紧,因为它是留给后世的遗产。

我们每个人的人生都很短暂,但是在离开这个世界的时候,应该给后世留下遗产。

如果你留下的是有社会价值的遗产,那么必然会出现继承你的遗志的人。

使命每10年一变

把梦想留给年轻人吧,
这是年长者的职责。

为他人牺牲自己

医生实在太忙了,忙得好像屁股都坐不实,总是浮在椅面上方5厘米处。

据说,我所敬爱的南原繁和吉田富三(病理学家、医学博士)不管再怎么忙,都会暂时搁下笔,与患者面对面交谈。

如今的医疗现场又如何呢?医生眼前放着电脑,很多时候几乎不看患者,而是盯着屏幕进行交谈。实际上,医生应该把目光从屏幕上暂时移开,与患者面对面地进行诊察,而患者也希望能跟医生目光相对。这就是"为他人牺牲自己"。可是现在的医疗环境不允许了,我对这方面的情形也很明白。

说到"牺牲",听起来好像必须遭受重大损失才算牺牲,其实不然,一点点小牺牲也是可以的。例如像南原和吉田那样,暂时放下手头的事,把自己的时间用在对方身上,也是货真价实的牺牲。

只是这样一丁点的牺牲,就能让对方心生喜悦。

有些人一旦生病,就想跟家人、朋友、熟人拉开距离,而且其外在表现也是如此,所以来探望的人也不知道该怎样跟他接触,结果自然而然就疏远了。

疾病没法在一夜之间治好,但面貌能在一夜之间改变。哪怕是以前一直怒容满面的人,也能从第二天起展露笑颜。即使病没治好,只要改变心态,面貌就能在一夜之间大有改观。

"生病那么痛苦,哪里还能笑得出来呢?"

或许确实如此,所以才需要刚刚提到的牺牲。

可以为对方着想,试着暂时放下自己一直以来的行动,抽出一点点时间用在对方身上。

如果以前一直阴沉着脸,就应该试着露出明朗的微笑,说些为对方着想的话。对于前来探病的人,应该用"谢谢远道而来"之类的话表达谢意。即使是微不足道的琐事,也可以这样做。

正如那句话所说,"人与人的关系就像照镜子。"你若面露微笑，对方也会微笑；你若开怀大笑，对方也会大笑。

如果你此前一直只顾着做自己的事，现在不妨试着牺牲一点自己的时间，为别人做些什么。

可以下厨做饭，可以打扫庭院，可以外出购物。只要做出一点点改变，你的人生就能步入良性循环。

面对对方时，
应该暂时放下手头的事

心态会像照镜子一样传给对方。

你若面露微笑，对方也会微笑。

重视幽默，更重视你

"所谓幽默，就是 you·more。"

这句话是我以前从朋友那里听来的。

听到这句话的人，即使不明白其中的具体含义，大概也会会心一笑吧。这句话的意思是说，幽默就是"更重视你"。

我把这件事讲给患者听，患者会说："大夫，这是双关笑话吗？"一直冷硬的表情会在一瞬间透出温柔来。这就是幽默的力量。

然后我再说："那样温柔的表情，才是真正适合你的。'更重视你'——不觉得这句话很棒吗？"患者就会露出笑容。

我名叫"樋野兴夫",有时做自我介绍时会译成英语:"我是 origin of fire——生火之人[①]"。

对方听了往往会轻声浅笑。

"悠闲的面貌"和"伟大的管闲事",都是我出于些许玩心而创造的词。名词的世界是断定性的,单独使用容易伤人,于是我便试着给名词添上了形容词。

结果怎样呢?含意立刻变得宽广了。

譬如,漂亮的棕发和难看的棕发。

如果直接说名词"棕发",有的人会首先产生负面印象,而通过添加形容词"漂亮的",就能转成正面印象,而且棕发的那个人也会感到开心。

正义不良少年和邪恶不良少年。

正义不良少年在关键时刻能为他人牺牲自己,邪恶不良少年在任何时候都只顾自己。

引人注目的人和爱出风头的人。

那位金牧师(马丁·路德·金)曾在演讲中说:"要变成引人注目的人,不是为了自己,而是为了他人。"

此外还有,轻症和重症、良性肿瘤和恶性肿瘤……在形容词的世界里思考,带有悲怆感的词(名词)也会

[①] "樋野"的日语发音与"火の"相同,而"火の興夫"的含义即"生火之人"。

变得引人微笑，听起来就像是玩笑话。

说到幽默，我想起一位来癌症哲学门诊面谈的男士所说的话。他患有难以治愈的肝癌，却没有表现出丝毫的颓然，而是以幽默的口吻说：

"我听说，有性子急的人要送奠仪给我。您说我该回赠什么好呢？真叫人为难呀。"

人生需要"幽默"和"you·more"。

如果一切事物都加上形容词"好的"，世界就会变得宽广

名词的世界是断定性的。
在形容词的世界里思考，
　一切事都会引人微笑。

伟大的管闲事能免去所有人的烦恼

管闲事分为两种,好的管闲事和坏的管闲事。坏的管闲事即所谓的"狗拿耗子",而好的管闲事若直接这么叫则有些缺乏幽默感,所以我称之为"伟大的管闲事"。

要说什么是"伟大的管闲事",癌症哲学门诊就是。

至今已有很多人问过我:"简单来说,癌症哲学门诊是什么?"我的回答是:"一言以蔽之,就是'伟大的管闲事'。"

然后他们必然会问:"你为什么想管闲事?"我会回答:"因为我闲。"

我认为,当今的医疗有两点明显是不足的。

一是本节标题中的——"伟大的管闲事",二是"悠闲的面貌"。我正是为了实现这两点，才创办了癌症哲学门诊。

癌症哲学门诊所做的，便是以"悠闲的面貌"，为患者们进行"伟大的管闲事"。

"多余的管闲事"和"伟大的管闲事"，最大的不同是什么？

"多余的管闲事"是基于自己的心情接触（强加于）对方，"伟大的管闲事"则是配合对方的心情，满足对方的需求。看似区别不大，但对于被管闲事的人来说，却有很大的不同。

某个患者手术后毫无食欲，他的妻子精心做了饭菜，说："你多少吃一些吧，吃了才能快点儿好。"

某位女士住了院，她的丈夫明明只要默默地陪在她身边就好，却偏偏频频鼓励妻子，"今天怎么样？""身上哪里疼吗？""快点儿治好，咱们去旅行。""加油！加油！"他的心情可以理解，但他真的是在为妻子着想吗？难道不是在勉强人吗？

在遍布全日本的癌症哲学门诊咖啡店里，有不少身患癌症的员工。其中一个男员工是这样形容自己的：

"我本身癌症复发，状况很不乐观，但我还是来到这里为患者们提供帮助。我自己也想过，我可真是爱管闲

第2章 将自己的人生视为礼物

事啊。"

不光是他,其他处于困境的人也在尽力帮助处境不如自己的人。这就足以称之为伟大的管闲事了。这个世界上,只要像他这样乐于进行"伟大的管闲事"的人越来越多,整个社会就能变得更适合生活。对于"伟大的管闲事",我们热烈欢迎。

**只要配合对方的心情，
而不是把自己的想法强加于人，
就能看见同样的景色**

自己处于困境时，
还乐于帮助其他处于困境的人，
就是"伟大的管闲事"。

第3章

真正重要的东西在垃圾箱里

真正的好东西存在于微不足道的事物中

　　真正的好东西在垃圾箱里，所以任何人都能找到。

　　需要花钱或是走很远才能得到的东西，并不是真正的好东西。

　　真相在垃圾箱里，在任何人都能到达的地方。

　　人类的古老传说便是如此。你知道耶稣基督生于何处吗？马厩。从古时起,我们人类就从垃圾箱中寻找光明。

　　真正的好东西是免费的，高价的并不是真正的好东西。真正的好东西是任何人都能得到的,这是这个世界的基本规律。

　　美国的谚语有云：

"The best things in life are free（人生中最好的

东西都是免费的)。"

有钱人当然可以花钱买到自认为"好"的东西,但并不是说没钱就得不到真正的好东西。

因为真正的好东西是免费的。

当然,想得到人工制造出来的东西不得不花钱,比如药品。而我在癌症哲学门诊给患者们开出的"话疗处方"是免费的,而且没有任何副作用。

在言语力量的影响下,患者们回家时都是面带笑容的。

成为富翁、领导、名人……许多人把这些事当作目标,但它们其实并不重要。

因为这些目标不是所有人都能实现的。

不是所有人都能得到的东西,并不是真正的好东西。

找到自己的职责并为之竭尽全力。

关怀他人多于关注自己。

笑着待人接物。

重视家人。

帮助处境不如自己的人。

离开这个世界时留下遗产。

真正的好东西并不需要花钱购买,也不在奢华的地方,而是在垃圾箱里,在大街小巷中。

人生中最好的东西，是所有人都能得到的

非得花一大笔钱才能得到的，并不是真正的好东西。

竭尽全力，"偷偷"担心

工作、金钱、健康、家人、未来——担心和不安是无止境的，如果因为自己不能掌控的事而或喜或忧，身心就会疲惫不堪。

"只做现在该做的事，以后的事偷偷担心就行，反正该怎样还是会怎样。"

我们应该效仿胜海舟的这句话，选择泰然自若、光明磊落的生活方式。

我们的烦恼基本上都是无关紧要的事，真正重要的事情极少。我们每天都在被迫因为这些无关紧要的事而或喜或忧。

有的患者通过互联网或医学书籍，在海量的资料中调查病症的相关信息，然而无论查阅多少资料，心灵都得不到满足。

信息和知识是外在的、表面的，这样的事物无法满足我们的心灵，很多人正是怀着不满足的那部分来癌症哲学门诊面谈的。

还有人过于担心癌症复发，因而什么也做不了。

对于这种患者，我开出的话疗处方是——只要已经竭尽全力，其余的事偷偷担心就行，反正该怎样还是会怎样。

死亡是所有人都无法避免的，但是面对不知何时到来的死亡，我们不应该担惊受怕地活着。

只要记住"自己终有一天会死"就行了。

竭尽全力，其余的事偷偷担心就行。

世上有许多无关紧要的事。

真正重要的事非常少。

因为自己无法掌控的事而或喜或忧，
结果只会疲惫不堪，
收获极少

死亡是所有人都无法避免的，
但我们不应该担惊受怕地活着。

心与心的对话,能让所有人展露笑颜

在癌症哲学门诊,让患者们面带笑容地回家就是最好的事。

纵然来时泪流满面,回时也能带着笑容——患者所求,不外如是。

有人曾问我,癌症哲学门诊与心理咨询有何不同。心理咨询是"倾听"对方说话,而癌症哲学门诊的面谈是人与人之间的"对话"。

向别人倾诉烦恼,跟密友发发牢骚,心情就会变得清爽——每个人大概都有这样的经历吧。

但那只是暂时的。过不了多久,烦恼和郁闷就会像沉渣一样渐积渐多,结果还得去找肯倾听的人或场所。

我并不是在否定心理咨询的存在。心理咨询自有它存在的意义，有些人也能靠心理咨询消解烦恼。

但也有人与此相反，只靠心理咨询并不能得到心灵的满足。

来癌症哲学门诊面谈的患者中，有许多人并不知道该谈什么，几乎都是抱着"先来了再说"的心态。能够一一坦露烦恼的人，其内心已经平静下来，而在人生的根本部分存在烦恼的人，就会不知从何谈起。

因此，我并不会张口就问"今天感觉如何"，而是会先端上茶，寒暄一番：

"今天从哪儿来啊？"

"怎么知道癌症哲学门诊的？"

"这里的地址好找吗？"

假如面谈时间是一个小时，我会把最初的15~20分钟用来寒暄。这样一来，患者的思维就能慢慢恢复条理，逐渐说出自己为何而来。这个过程大概持续20分钟，然后开始一对一的谈话。

在谈话时，我会以常人对常人的态度面对对方，而不是医生对患者。在谈话过程中，我会寻找对方心灵的空隙，然后翻遍自己脑袋里的语录，选出足以照亮其心灵空隙的良言。

第 3 章　真正重要的东西在垃圾箱里

当身心状态俱佳时，我们会度过没有空隙的人生。一旦这种平衡因某种原因而崩溃，心灵就会露出空隙。

出现了空隙，却没有光亮，心灵就会被彻底的黑暗笼罩。人在黑暗中会迷失前行的道路，感到孤独，不知如何是好。

利用"语言的力量"，把光明照进患者的心灵空隙，就是癌症哲学门诊的作用。

面谈结束以后，许多患者的表情都变得轻松起来，仿佛靠自己的力量从深井里打上了沉甸甸的一桶水。他们的心灵肯定已开始被光明照亮。

至于给患者什么样的赠语，我会观察对方的精神面貌，从脑袋里的语录中找出若干适合对方的良言，再从中决定使用哪个。例如：

"纵然明日离世，不碍今日浇花。"

"患病未必是病人。"

"多半事情无须理会。"

……

要想消除患者的烦恼，只靠倾听是不够的，还得在患者的思想里建立一个不烦恼的系统。

而建立这种系统的契机，便是这些良言。

金玉良言会照亮你的心灵空隙

有些烦恼,
只靠倾听是无法消除的。

无论身家几何，都能赠语

话语既能医人，也能伤人。

在癌症哲学门诊，我会给每一位患者开出话疗处方。处方内容因人而异。正如有的药专治癌症，有的药专治糖尿病，有的药专治高血压，话疗处方也是由患者的症状决定的。

在开出话疗处方时，我会特别留意多为对方着想。

话语既能成为良药，也能成为毒药。同样的话，有些人能从中得到安慰，有些人则会受到伤害。

与对方接触时，如果优先考虑自己的心情，说出的话就会伤人。

癌症哲学门诊开出的处方，是完全没有副作用的金玉良言。我会留意适时诊断和妥善治疗，以避免副作用出现。

"话疗处方"听起来仿佛很了不起，其实赠语是每一个人都能做到的。因为我所做的，不过是将伟大先人们，如新渡户稻造、内村鉴三、南原繁、矢内原忠雄、吉田富三等的言论记下来，再以权威似的口吻说出来罢了。只要不忘多为对方着想，连小孩子也能做到。

只要观察对方的精神面貌，从脑袋里的语录中找出若干适合对方的话，再从中选出一两个突然说出来，就能起到振聋发聩的效果。

在谈话过程中，如果顺势说出，效果会减半。要在叫人感到"是不是有些唐突"的时机说出来，并且反复强调，才能打动对方的心。

打动心灵的话语，会被大脑记住。只要有一两句话牢牢记住，就能以此为基础，在脑中形成并延展出相应的逻辑来。

当独自一人感到不安、寂寞，被负面情绪支配的时候，只要有了良言，就能将其抑制。

正如生病时吃药一样，只要心中拥有可供反复吟诵的良言，心情就会轻松得多。

"存在（to be）比做事（to do）更重要。"（新渡户稻造）

第3章 真正重要的东西在垃圾箱里

"勇敢而高尚的生涯。"（内村鉴三）

"当务之急唯有忍耐。"（山极胜三郎）

迄今为止，即使是对于癌症晚期患者，话疗处方也从没出现过副作用。结束面谈回家时，没有一位患者的情况比来之前更糟糕。话疗处方既不需要花钱，又全无副作用，而且效果值得期待。

我们会被话语伤害，也会被话语治愈。

沉默的世界固然不错，但有些事还是需要说话才能办到。

只要拥有属于自己的箴言，
不安和寂寞就能消解

像吃药一样，
在心中反复吟诵良言。

不要期待人生，要认为人生正在期待自己

有些人因为生病，偏离了出人头地的道路，在工作中也被晾在一边，于是丧失了人生的目的和生活的意义。

来癌症哲学门诊面谈的A先生就是其中之一。

他结束癌症的治疗，重新回到职场，却发现没了自己的位置，此前一直投入心血的项目也被同事接手了。他向上司要求"像以前一样工作"，却只得到了"不用着急，请先顾好自己的身体"的回应。

"难道我再也变不回原来的自己了吗？"

A先生这样问我，脸上带着想抓住一根救命稻草般的神情。

人生的目的是什么？

变得高人一等？变成大富豪？被公司委任重要职务？都不是。那些是目标，而不是目的。

人在精力充沛的时候，公司和头衔似乎显得很重要，它们会让你觉得自己很了不起，以为自己是上天的宠儿，从而感受到莫大的幸福。

然而，一些人身上会发生意想不到的事，导致其退离一线，然后就会立刻迷失方向，呈现抑郁症状。这是为什么呢？

是因为他对自己的人生过于期待，对招牌过于看重。

偏离出人头地的道路有什么不好？办公位置换成角落窗畔有什么不好？在工作中被晾在一边有什么不好？

我认为，工作只要能满足衣食住即可。只要在经济上能够自立，地位和名誉都无所谓。即使无事可做，能拿工资就行。工作只是为了衣食住——不妨从这个角度出发，把工作分离出来单独考虑，从其他地方寻找生活的意义。生活方式并非只有一种。

不如暂且扔下公司、头衔等一切招牌，重新直面"自己"，如何？

这是重新审视人生的好机会。

不要期待人生，要认为人生正在期待自己。

不后悔的人生所必需的，并非金钱、地位、名誉，

第3章 真正重要的东西在垃圾箱里

而是找到自己被赋予的职责并为之竭尽全力。

一味追求外在的、表面的东西（happy），结果多会以失望告终。我们的人生所需要的，是发自内心的喜悦（joy）。

尝试抛弃一切头衔，
直面本来的自己

不要变成过度依赖地位、名誉等招牌的人。

伟大事物的源头小得惊人

"我看起来像是适可而止的人吗!"

据说,南原繁只用这一句话,就在日本国会答辩中一举击败了野次。

正因为他是东大前校长、政治学家南原繁,才会有这样的效果。如果同样的话由我来说,恐怕就没有同样的效果了。

说话的关键在于"由谁说的",这比"说了什么"更重要。

在我看来,南原的一句话之所以具有如此重的分量,除了其自身的实力之外,他师从的内村鉴三和新渡户稻造也是一大原因。

南原在他的著作中如此写道：

"明治以后，论学识与教养无有可比新渡户老师者。"

南原是战后首任东大校长，连他这等人物也评价"没人能胜过新渡户"，可见新渡户稻造其人何等出色。

除了南原和新渡户，还有三个人是我无比尊敬的，纵然被他们欺骗也心甘情愿。这三人是内村鉴三、矢内原忠雄、吉田富三。

河水始自源流，续接主流。于我而言，他们五人便是源流，是我的起源。

尤其是新渡户和内村的书，我至今仍在反复拜读，还推荐给来癌症哲学门诊的患者们。

最近新出的书我也会看，但都只是粗读大意而已。当然，其中也有令我佩服的内容，但我的兴趣从来只在源流。

源流是河流的源头部分。

源流很细，抬脚就能轻松迈过。主流则很宽，只有借助大桥或渡船才能跨过。

所有人都能做到的事，才是真正重要的事。需要造船、架桥等花钱的事，称不上是真正重要的事。

以新渡户为首的五人均有源流。明确的起源，加上个人的人生体验，便形成了各自的个性。他们生活方式

第3章　真正重要的东西在垃圾箱里

明确，心有觉悟。

大概只有心怀觉悟的人，才能说出"我看起来像是适可而止的人吗！"这样的话。

现在许多人都活在主流里，选择独创生活方式的人简直少得惊人。就连一国领袖或一社之长，看起来也是活在主流里的。

新渡户、内村、南原、矢内原——伟大事物的源流小得惊人。因为小，所以任何人都能渡过，不需要花钱。

这才是我所认为的真正的好东西，是人生的指针。

癌症遗传学鼻祖、我的老师艾尔弗雷德·克努森（Alfred Knudson）曾如此教导我：

"一株根本，分出多枝。倘若追逐一个个末梢，迷失根本，结果只会疲惫不堪。必须盯住根本才行。"

我衷心希望，今后能有更多的人获得接触源流的机会。

**重要事物的本质，
小得出人意料**

不要被主流摆布，
要了解源流，活在源流。

第4章

生命没有期限

死亡是确定的，何时死亡则是有概率的

　　余命通知什么的，终归只是概率论，并非事实，但医生仍会若无其事地说：

　　"如果不这样治疗，就只剩半年寿命了。"

　　在癌症的临床世界里，余命通知成了一种约定俗成。它始于20世纪90年代中期，目前在很大比例上是直接向患者本人通知的。

　　突然得知自己的寿命所剩无几，任谁都会受到不小的打击。因为人类是一种忽视自身寿命的生物，所以这是理所当然的事。

　　话虽如此，但正如方才所说，余命什么的，终归只是概率论罢了。从概率上讲，那并非100%的事实，大

概在70%的程度，所以患者不会盲信医生的宣判。

况且寿命这种东西，是捉摸不定的。

人的寿命会因是否怀有生存目的和使命感而延长或缩短。一位患有胃癌的男士曾宣称"我绝对不会死于这种病"，而自手术至今已过了10年，他仍然活得很有劲头。除此之外，还有"被告知寿命只剩3个月，可是都过去两年了也没事"的患者，甚至还有多次接到余命通知的患者。

余命通知就是这样一种含混的东西。也许正是出于这个原因，有的医生就故意不通知患者。

如果你接到余命通知，请这样询问你的主治医师：

"您是出于什么理由得出这个数字的呢？"

正如我们每个人有自己的个性一样，疾病也有个性。尤其是癌症，没有什么疾病能比它的个体差异更大。

只要有患者向我询问自己还剩多久的寿命，我总是会这样回答：

"关于余命的多少，就算你想破脑袋也找不到答案。含混的事情就该含混地对待，不如多珍惜与家人、朋友们笑着度过的时光。"

含混的事情含混地对待，才是科学的做法。处于无法明确划分界限的灰色地带里的问题，只能含混地回答。

第4章 生命没有期限

不明白的事，再怎么想也不会有答案的。既然如此，不如不想。

我们的生命本来就只是此刻活着的这一瞬间，谁都无法确定期限。

只要眼下还活着，生命就会延续。

**含混的事情就该含混地对待，
不明白的事情不用非弄明白**

只要这一瞬间还活着，
　　生命就会延续。

多半事情无须理会

以前，我曾在面向癌症患者的演讲会上说过这样的话：

"真正重要的事情很少，困扰我们的多半事情都是无关紧要的。而无关紧要的事情，大可置之不理。

"当然，事关生命危险则另当别论。

"除此以外的事，大可置之不理。"

对于我的这番发言，一位患者表达了自己的感想：

"您这一句'置之不理'，真可谓振聋发聩。在如今这个追求复杂化的时代，我已经好久没听到这样简单清爽的话了。

"因为这句话，我的个人烦恼一下子就烟消云散了。

"我从日常琐事中解脱出来,觉得自己终于清醒过来了。"

人活在世上,愤怒、烦恼、伤心、悲痛、反省、后悔,都是常有的事。然而,多半事情其实无须理会。

同样地,自己决定不了的问题也大可置之不理。过段时间,自然会有别人来决定。

不过也有特例。

对我来说,"患者的请求"就是特例。对于处境不如自己的人的要求,应该尽快满足,不能置之不理或长期拖延。这种时候需要的是速效和果断。

话虽如此,这个世界上真正重要的东西毕竟很少,所以多半事情都可以置之不理,不用事事都深入思考,完全可以活得更轻松。

自己决定不了的事，
会有别人来决定

"置之不理"的心态，
能使人生变得更轻松。

不明白"为什么"无妨，
知道"怎么办"就行

在这个世界上，有些事情就算你想破头也无济于事，比如"自己为什么会患上癌症"。

例如，因吸入石棉而诱发的间皮瘤，以及至今仍未彻底查明的正常细胞变成癌细胞并继续恶化的机制。有些人因为患上癌症，就对过去的自己抱有罪恶感，而且肯定会问"为什么（Why）"。

"是不是因为饮食习惯不好？"

"是不是因为生活不规律？"

"是不是受到了精神方面的影响？"

就像这样，癌症是一种会让我们思考"为什么（Why）"

第 4 章 生命没有期限

的疾病。然而不管问多少次"为什么",也得不到答案。我们能做的不是问"为什么",而是思考"怎么办(How)"。

明治时代的军人东乡平八郎,晚年饱受喉癌之苦。呼吸、喝水、进食,无时无刻不疼。他痛得受不了,就去看医生,据说医生对他说了这样一句话:

"这种病就是会疼的。"

不可思议的事情发生了。从那以后,东乡再也没喊"疼"。当然,他的癌症没有得到治愈,问题也并未彻底解决,但语言的力量使眼下的问题得到了缓解。

问题不一定非得彻底解决,只要能够缓解就行。

既然问题解决不了，
那么能够缓解就行

在这个世界上，
有些问题是再怎么思考也解决不了的。

活鱼逆流而上

只要活着，每个人都会遇到一两件痛苦或讨厌的事。我也有愤怒和消沉的时候。

这就是人生。

内村鉴三为我们留下了这样一句话：

"活鱼逆流而上，死鱼顺流而下。"

观察家附近的河流就会发现，活鱼真的会逆流而上，死鱼自然也会顺流而下。

我们人类同鱼一样，每天都必须逆流而上。

因为这是活着的证明。

相传，美国宾夕法尼亚州的建设者威廉·佩恩曾说过这样的话：

"没有苦痛就没有胜利。

没有荆棘就没有王座。

没有患难就没有荣光。"

我们人类，没有苦痛就生不出品格和希望。我们必须从此刻所在的位置踏出一步，积极主动地去寻找希望。消极被动是不行的，一味等待也是不可取的，必须有意识地主动寻找才行。

寻找自己的职责和使命就是如此。

只有积极进取的人，才能找到生命的意义。

**活着必然会遭遇痛苦,
　这就是人生**

正因为身处苦痛之中,
　才能生出品格。

人在苦难中拼搏的身姿令人感动

迄今为止,我已见过3000多名患者及家属,现在仍能从很多人身上获益良多。

因为患病,因为身体不能自由活动,因为净给身边的人添麻烦了,所以自己活着没有价值?

绝对不是。

有的患者已经接到余命通知,身体状况并不好,但交谈时依然面带笑容。

有的患者连走路都费劲,却仍然从很远的地方花几个小时赶来面谈。

面对这样的人,我总会感动得浑身战栗。

每天困扰我的烦恼和痛苦,都变得无所谓了,我对因身边琐事或喜或忧的自己感到惭愧。

是他们让我认识到,开出话疗处方的我看似很了不起,其实还远不够成熟。

通过与患者交流,我学会了谦虚,每个学习的机会都令我精神为之一振。谦虚的姿态,或许只有在这种情况下才能学到。

如果你觉得自己的人生没有梦想和希望,不如来癌症哲学门诊或哲学咖啡店吧。如果你对人生还抱有梦想和希望,就去寻找并帮助那些处境不如你的人吧。

负负得正。

真正痛苦的人,其拼搏的身姿令人感动,能使人平添坚强生活的勇气。

同时,也会令人深切地感受到自己的差距。

虽然身处苦境,笑容依然不减,通过我的笑容,宽慰烦恼的人。

——我从没想到自己能从患者身上收获这么多。

今后的每一天,我还会继续向他们学习。

从身处苦境的人身上，
能学到的东西多得超乎想象

负负得正。

两负相遇，

人生就会逆转为正。

最终还是需要人与人的互相接触

我们人类原本就是相互取暖的生物。

可是现在的人很冷漠,所以人们有时会找动物代替。猫狗虽然不会说话,但只要陪在我们身边,就能温暖我们的心灵。

然而,很多人与动物为伴,固然能获得愉悦的心情,却很难再向前踏出一步。

在我看来,最终还是需要人与人的互相接触。

我们可以闭门不出,同猫狗玩耍,但那是人类本来的模样吗?

我认为不是。

紧闭的心扉需要敞开。更具体地讲,我们必须关心自身以外的其他人。这才是我们本来的模样。

人应该相互温暖。

出门上街吧。

真正的好东西在大街小巷,在垃圾箱里。不敢骤然踏上街道的人,欢迎到癌症哲学门诊或咖啡店来玩。

无论去哪儿都无法填补心灵空虚的人,来过我这里以后,都能心满意足地回家。

**人类本来就是相互温暖的生物，
所以最终需要人的力量**

痛苦时更应该出门。
把自己关在家里也不会感到轻松。

除了工作，还要做一件自己喜欢的事

以前是单专业的时代，专注于一项工作被视为美德。但从今往后，则是双专业的时代。除了以满足衣食住为目的的工作之外，还可以有一件值得自己倾注热情的事。

森鸥外不仅和我一样是岛根县出身的医生，还是从明治时代活跃到大正时代的文豪。他学贯东西，曾提出做"两条腿的学者"的重要性。森鸥外便是双职业的先驱，是我欲效仿的伟人之一。

我在顺天堂大学任病理学和肿瘤学教授。这是为满足衣食住而拿工资的职业。我作为发起人所创办的"癌症哲学门诊"，并非我的核心业务，其目的是探寻生活的意义。

第4章 生命没有期限

以前有位前辈这样教导我："若想从事双职业，就要赶在退休之前。等到退休以后，是个人都能做到。在身兼本业的时候去做，才能锻炼为人的'胆气'。"

作为病理学教授，我举办医疗相关讨论会是天经地义的事，但我还会举办与专业无关的新渡户稻造讨论会。

这就是我的双职业。

我做自己专业以外的事，并不知道周围的人是怎样议论我的。也许是惊讶、揶揄甚至非难吧。

即便如此，我也要做。

这样才能培养为人的胆气。

以双专业的方式生活，并不是要荒废本业。被赋予的义务必须好好完成，然后再对其他事情倾注热情。

以满足衣食住为目的的工作若能与生活的意义相一致，那是最理想、最快乐的生活方式。以前的日本便是如此。然而现如今，这再不是所有人都能实践的生活方式了。

所以，人们得在本业以外寻找生活的意义，不然从今往后，将真的很难使自己的心灵得到满足。

工作是为了满足衣食住，
生活的意义得从其他途径寻找

无论旁人说什么，自己都能继续做下去。
要找到这样的事。

患病未必是病人

有些人一旦患上癌症或心脏疾病等重症，就会深信自己是"病人"，为此紧锁心扉，闭门不出，呈现出抑郁症状。

患病自然不是喜事，但患了病未必就是病人。

迄今为止，我见过许多患病的人，他们像普通人一样与人交流，投入工作，享受生活。

即使现在患了病，病后的"你"也没有发生改变。"患病≠病人"。

能治好的癌症治好了就没事。若是反复复发、转移的不治之症，就该像面对自己的逆子一样，优先考虑今后如何与之相处。

战斗、无视、共生、共存——选项可不少。

即使是麻烦的累赘,如果不能抹掉、除去,就承认其存在好了。

没必要亲密相处,也不需要做出一起生活的觉悟。只要承认对方的存在,就可以了。

这就是"共存"。

共生和共存从字面上看似乎是一样的,其实有很大的不同。共生是指给予和索取(give&take),以互相弥补对方的不足为共同生活的前提。相对地,共存是指两种以上的事物同时存在。共存并没有共生那样的关系。

因为患病而烦恼的人,难道不是主动对号入座,以为从"病人"的座位上看见的景色就是整个世界吗?

若是那样的话,请暂时离开"病人"的座位,环顾四周。你会发现,眼前有一片更加宽广的世界。

即使是麻烦的累赘,也该承认对方的存在。

这是只有我们人类才能做出的高尚的行为。

即使是麻烦的累赘，
也该承认对方的存在

有些事物，
只有在接受其存在以后才能看见。

第5章

留到最后的是人与人之间的牵绊

在集体中才能了解"自己"

"教育是指忘记一切后的所留。"

看到这句名言,我不禁想起病理学家吉田富三的弟子们所说的话。

他的弟子们说:"老师教给我们的东西几乎全忘光了,但只有一段话,至今仍记得十分清楚。"

他们至今仍记得的,是下面这段话:

"如果一个人像鲁宾逊那样独自生活在无人岛上,就没人知道他是好人还是坏人了。只有把他放在集体里,才能通过其行为了解其为人。"

自己究竟是什么样的人？

自己的职责和使命究竟是什么？

独自闷在家里思考，是找不到答案的。

只有置身于社会，才能了解自己。在集体中生活，与别人差别明显，"自己"这一存在就会随之凸显出来。

即使患上癌症，没了工作，交不到朋友，也不能一直闭门不出，否则就变成独自生活在无人岛上的鲁宾逊了。如果一直住在孤岛上，就会迷失自己。

"自己"这一存在，得在社会中才能发现。

出门上街吧。

如果一直住在无人岛上，就会迷失自己

人生的职责，
不是闭门不出就能够找到的。

不要害怕独处

我出生于岛根县的鹈峠。一个面朝日本海的小村庄，只有几家食品店和杂货店，非常孤寂。

懂事以前，我一直生活在这个小村庄里。在学校里，还能和老师、朋友们热热闹闹地嬉戏，可是一放学，就只剩我自己了。独处的时候，我会想事情。现在我已记不清当初想了些什么，只记得自己在独处时并没有感到特别寂寞，甚至可以说是理所当然。

现在的日本人，大多害怕独处，总想找个伴儿。一旦得不到大家的关注，就会感到伤心，被不安和恐惧笼罩，以为自己被人无视了，以为自己讨人嫌了，以为自己毫无价值了。

第 5 章　留到最后的是人与人之间的牵绊

以前，很多人都拥有"一个人也要努力"的气概。他们一回到家里，就会学习、读书、练习课外技能。可现在呢？即使回到家里，也想找个人做伴儿，片刻也离不开社交媒体。

脸书、推特、Line——我哪个都没在用。我只有一个代替日记的博客，基本上还是单向通行的，并未特别开通供读者发表感想和评论的版块。

因为我不想因为周围人的反应而或喜或忧。

一旦开始使用脸书或推特，就免不了会在意别人的反应，所以我不用。虽然有很多同行都在用，但我始终跟这些社交媒体保持着距离。

来自别人的评价固然重要，但如果只在意评价，就会迷失本意，做不成自己想做的事。那就成了本末倒置。

独处时间被社交媒体剥夺，也是一大问题。

自己是谁？自己的职责是什么？自己的使命是什么？

为了得到这些问题的答案，必须在集体中了解"自己"，还要独自进行彻底的思考。这是因为，对于自己的存在、职责、使命这种事，和别人在一起时是无法思考的。

人活着需要孤独的时间。没有了孤独，将很难找到自己被赋予的职责和使命。

不必害怕孤独。

在集体中了解自己,
在独处时彻底思考

一旦只在意周围人的评价,
就会迷失自己真正的生活方式。

世上总会有一个关心你的人

现在有许多被冷漠的家人或亲戚所困扰的人,他们都在寻求温暖的外人。所谓温暖的外人,是指尽管没有血缘关系,却会在稍远的地方关心、守望你的人,比如住在附近的老爷爷、老奶奶。

来癌症哲学门诊和咖啡店的那些人,也在寻求温暖的外人。只要有一个人关心他,不管那个人是谁,他都能变得强大起来。即使患上癌症,只要有人陪伴,直到最后仍不离不弃,他就能努力与病魔战斗。

在我小的时候,一直有个人很关心我。那个人并不是我的亲属,而是住在附近的一位老奶奶。她管我叫"小兴",还对我妈妈说:"你家孩子不用操心,毕业以后肯

第5章　留到最后的是人与人之间的牵绊

定有出息，不用操心。"她认可了我的存在。

对于新渡户稻造而言，祖父似乎就是那样的存在。据说，他的祖父曾对稻造的父母说过这样的话：

"这孩子如果一步踏错，就可能变成不良少年，但若教育得法，或能名垂青史，所以希望你们小心留意，好好教育他。"

温暖的外人，可以在与自己生活无关的地方寻找。置身于完全陌生的人中，心灵就会变得平静而舒畅。

如果工作累了，与其跟同行交谈，不如找找其他行业的人。职业相近，会滋生嫉妒。

如果孩子正在上学，你也可以参加保护者协会或PTA（家长教师会），去那些自己从未踏足过的地方寻找。

真正的好东西在大街小巷。只要积极寻找，肯定能找到好人。在这个广阔的世界上，总会有一个关心你的人。正因为至少存在一个这样的人，我们才能坚强地生活下去。

**只要身后30米远处有人守望，
人就能坚强地生活**

在你从未踏足过的地方，
需要你的"相遇"正在等你。

即使对方错了也不要否定

  我们需要的不是正确的言论,而是关怀。
  正确的言论有时会令对方寒心。
  对拼命努力的人说"不再加把劲儿可没用哦"。
  对全无食欲的人说"不多吃点儿是好不起来的哦"。
  对刚接到余命通知的人说"放弃就输了哦"。
  以上都是正确的言论,本身没错,但对方听了这些话会怎么想呢?我们更想要的是温暖,而不是冰冷。
  正确与否是次要的。
  关键是要顾及对方的心情,投以温言暖语。
  就算真是对方错了,也不要不留余地地无情否定。在这种时候,关怀优先于正确的言论。

你周围有没有净说别人坏话的人？医生里也有这种人。他们会故意说别人并不想听的话，比如那家医院怎么怎么不行、昨天来的患者如何如何麻烦。

这种时候该如何应对呢？

不要否定对方的话，但也不要表示同意，可以用"哦，是吗？"来结束谈话。因为是无足轻重的事，所以不必理会。

一个人就算说别人的坏话，自己内心的空虚也得不到填补。

这种人的话不过就像蚊子叮人一口，当作没听见就行。

人需要的是关怀而非正确的言论，每个人都在渴求温暖

就算说别人的坏话，
内心的空虚也得不到填补。

你能夸赞一个人3分钟吗?

现在这个时代,不管什么都是评价、评价。就连我们这些大学教授,也要被学生们评价。评价有两种方法,一种是关注好的部分给加分,一种是盯着不好的部分给减分。通常,人们会把着眼点放在缺点上。

也就是所谓的减分法。

习惯了减分法,就变得不会夸赞别人。如今,不会夸赞别人的人变得越来越多。

现在的年轻人之所以没有尊敬的对象,对长者和前辈的尊敬意识淡薄,或许正是受到了这种不管什么都要当成评价对象的时代性的影响。

曾有人托我做面试官。先是书面审查,然后才是面试。我不太重视书面审查，因为通过书面并不能了解到真实的情况。所以只要不是太离谱，我都会给出差不多的分数。

我重视面试。通过见面谈话，就能知道对方是否货真价实。

在面试中，我会提出例如下面这样的问题：

"请在3分钟内说出你父母的优点，父亲或母亲均可。"

对方本可以从"我的父亲（母亲）为人正派"之类的地方开始，然后逐渐进入正题，具体讲述哪里正派、如何正派。

可绝大多数人的回答却是："我的父母真的是很正派的人，但是……"问100个人，会有99个人如此回答。

在3分钟内一直夸赞别人的人真的非常少。他们可能以为这是在测试观察力，如果只说优点，自己的观察力或许会受到怀疑，所以打算把优缺点放在一起说。

我看重的正是这部分。对于能在3分钟内一直夸赞别人的人，我会给予很高的评价，因为这说明对方有尊敬的对象。

被问到"你尊敬的人是谁"时，能够一直夸赞，而不使用"但是（But）"，知道缺点却不说。

——这才是真正的人物。

我认为,有真心尊敬的对象的人是幸福的。

不使用"但是"，
尊敬一个人就是这样子的

知道对方的缺点却不说，
接受对方的一切。

不如怜取眼前人

来癌症哲学门诊的患者有各种各样的烦恼。其中，谈话内容涉及最多的是家人或亲戚关系。因为患病，以前人际关系中不曾显露过的负面部分就会暴露出来。

例如，向我诉说"丈夫光是在旁边就让我感到痛苦""连他的脸都不想看见""在一起待30分钟就受不了"的女性，在所有患者中所占的比例高达3成。

在我看来，日本男性的心是冷的，尤其是对待家人的时候不够温柔。

肯定是因为他们把人生的优先顺序弄乱套了。

以前一直最先考虑公司和工作，把妻子和家人放在次要位置，对待起来马马虎虎。一旦患病，问题就会变

第5章　留到最后的是人与人之间的牵绊

得明显。

身体健康时，是很难注意到问题的，所以从来不去考虑"人生中真正重要的是什么"。只有到了身患重病或面对巨大难关的时候，才会开始思考"对自己来说，什么是最重要的"。

这番话并非只针对你而言。很多人都在追求绝对摸不着的、远在天边的"北极星"，却忽视了身边和眼前。

真正的好东西不会在远处。不要再一门心思地把手伸向远方了，请试着用手电筒照亮自己的脚下。

真正重要的东西，在更靠近自己的地方。与其想着远处看不见的人，不如珍惜眼前时刻陪伴在你左右的人。

一味只顾"高瞻远瞩"，目光就会聚焦在工作、公司、地位、名誉上面。请尝试对眼前的人付出更多的关心。

关心以前一直忽视的身边人，你们的关系就会有所改善。

找到真正的好东西的人，其心灵和人生会变得丰盈富足。

珍惜眼前的人吧，看不见的人不用在乎。

真正的好东西就在眼前。

只有到了身患重病时，
才会意识到人生的优先顺序

一味眺望远方，
就会忽视眼前。

他人的谩骂不过是蚊子的叮咬

不管哪里都有净说别人坏话的人和说话永远讨人嫌的人。来面谈的患者当中，就有因为这些人的讥讽和谩骂而苦恼的人。

这样的烦恼在任何时代都有。

对于被谩骂和讥讽所困扰的患者，我会说这样的话：

"为了这种事或喜或忧，解决不了任何问题。如果对方在你的提醒下能够改变倒也还好，可人是不会轻易改变的。

"在这种时候，不如无视对方，默默地喝杯茶，就当被蚊子叮了一口。既然没有生命危险，大可置之不理。只要忍耐30秒，对方一般就会自己离开了。

"在忍无可忍的时候,请这样想,'人难免一死'。如此一来,30秒一晃就过去了。"

遭到别人的谩骂和讥讽时,"当务之急唯有忍耐",只要咬紧牙关,默默低下头,在心里说声"再也不见"就行了。

只听不应声,对方就无法继续把事态升级。如果遇到咄咄逼人不肯罢休的人,则可以谨慎地选择措辞来予以还击。

例如,用"无聊"来回应就不行。据说有人在日本国会答辩中说了"无聊"这个词,可是这样一来,对方只会更来劲儿。

"明白了,谢谢你"怎么样?

这样说是有效果的,相当于给对方下达最后通牒——"今天是我们最后一次见面"。对方肯定会感到无趣而闭上嘴巴。

也可以让对方把想说的话说完,然后自己说"明白了,不用说了,再也不见",转身离开。

基本上,爱发牢骚的都是寂寞的人。因为寂寞,就爱管别人的闲事,希望借此引起你的注意。

所以,你可以反过来让对方明白,我不会搭理你。这是最好的办法,但也是万不得已的最终手段。对于无关紧要的事,只要怀着"就当被蚊子叮了一口"的心态默默忍耐就行了,时间自然会为你解决问题。

**不要理会谩骂和讥讽，
当务之急唯有忍耐**

忍无可忍时，
要让对方明白"我不会搭理你"。

不要刻意唤起爱

　　如果刻意唤起爱，被"必须这样做"的义务感绑架，通常不会有好的结果，有时反而会给对方造成伤害。

　　"3·11"大地震发生后，曾有多名志愿者来我家住了一宿，第二天早晨去往受灾地区。

　　出发当日，大家脸上一如既往地明朗，只有一名青年，不见了昨天的笑容，神情悲怆，话也变得极少。

　　在抵达受灾地区后的一周时间里，他们一行人在简陋的生活环境下，热火朝天地投入到了志愿者活动当中。据说只有那名青年，干了两三天就回家了。

　　想为困境中的人做点什么，这样的精神很高尚，但出于义务和强迫的事，是不会长久的。

圣经中有"不要刻意唤起爱"这样的话。

"必须去当志愿者，必须去当志愿者"——如果还没做好足够的心理准备，即使像这样刻意唤起爱，仍然为时尚早，等到自己主动想去时再去不迟。

况且就算你不去，也会有别人去。你只要做你现在能做的事，比如为前往受灾地区的人做好后援工作，或者为受灾地区发动募捐。

不要刻意唤起爱。

等待"想做""想去"的心情自然苏醒吧。

在此之前，不必勉强。

在真正心动的时刻到来之前，大可不必勉强

即使是为了帮助困境中的人，在做好心理准备之前也不要勉强。

真正正确的话不会伤人

说真正正确的话时无须顾虑。

虽然无须顾虑,但也不会伤害到对方。这是零副作用的话疗处方。在那一瞬间,可能会令对方产生心被刺痛的感觉,但过后就会显出效果,使其心态变得积极起来。

这就是我所认为的"真正正确的话"。

对住院的癌症患者说"请努力加油""放弃就输了哦"之类的话,是缺少关怀的。

至于"很快就会好起来的""幸好没什么大毛病"之类的话,倒是有关怀的成分在里面,然而顾虑太多。漂亮话和不痛不痒的话,听起来就像谎言一样,是不会打

第5章 留到最后的是人与人之间的牵绊

动人心的。

在癌症哲学门诊,我会给每一位患者开出话疗处方。因为正如前面所说,只听患者的倾诉是不能为其消除烦恼的。

很多时候,我会把伟人们的话赠给患者。伟人所说的话即充满关怀又无须顾虑,不会伤人,又能使患者恢复活力。

被誉为日本病理学之父的山极胜三郎说过这样一句话,"当务之急唯有忍耐"。有些人患上癌症以后,会受到"工作""金钱""家人""未来"等各种事情的困扰,不能专心治疗。甚至还有人难以忍受药物的副作用,只想一死了之。

在这种时候,我给开出的处方就是"当务之急唯有忍耐"。

尽管这句话的含义与"加油""不要放弃"类似,但或许是其中蕴含着觉悟的缘故吧,二者的分量是不同的。

而且更重要的是,这句话可以在心中反复吟诵。

来癌症哲学门诊的患者们,都希望得到毫无顾虑的良言。没有顾虑的真正正确的话,才能叩响患者的心扉。迄今为止,我已会见过3000多名患者及家属,从他们身上认识到了这一事实。

**关怀令人喜悦，
顾虑使人寂寞**

不要说漂亮话和不痛不痒的话。

相遇促人成长，助人更上层楼

"生我者父母，人我者师也。"

——新渡户稻造

与良师的相遇，能使人得到极大的成长。

30多岁时，我曾去美国的癌症中心留学。当时，我所属的癌症研究所的恩师菅野晴夫先生送给我这样一句话——去用纸和笔体会科学的极限吧。

试管水平的（技术性）研究到哪儿都能做，但是研究者的姿态和思想会受到所遇之人和环境的巨大影响。

在美国，我跟随艾尔弗雷德·克努森博士学习。他被誉为"癌症遗传学之父"，阐明了遗传性癌症的发病机制，功绩斐然。

我把自己从老师身上学到的东西称为"在竞争激烈的环境中发扬个性的5项方针",至今仍恪守不违。

  1. 面对复杂的问题时,不妨将问题简化、集中。
  2. 立足于自己的强项。
  3. 必不可少的东西没那么多。
  4. 不要被无关紧要的事物束缚。
  5. 小心 Red Herring(转移人的注意力并向错误的方向引导)。

与克努森老师的相遇,使我迈上了更高的人生台阶。我当时觉得自己一下子高大了许多,后来更有了人生更上一层楼的感觉。

海伦·凯勒的人生,是因为与家庭教师安妮·苏利文的相遇而发生巨大变化的。哪怕像海伦·凯勒一样身负三重痛苦,也能通过相遇打开新的人生大门。

在我看来,"患上癌症"的经历也会使患者更上一层楼。患癌本身或许是坏事,但可以此为契机,从大局观上重新审视自己的人生。这样想来,不也可以把患病视作一次相遇吗?

第5章　留到最后的是人与人之间的牵绊

我记得，继南原繁之后任东大校长的矢内原忠雄说过这样一句话：

"教育好比只能从人类个体传给单、复数人类个体的'生命'。"

相遇促人成长，助人更上层楼。

患病可被视为促使自己成长的一次相遇

即使是坏事,
也能被视为重新审视人生的机会。

第6章

小习惯使心灵富足

觉得"好"的事情就去做，不用找人商量

一味找人商量，"好事"是无法开始的。

真正觉得"好"的事情，不用找人商量，直接去做就行。

我起意创办癌症哲学门诊时，曾去找两位值得信赖的恩师商量，二位恩师都给出了"若能实现，可谓壮举"的高度评价。于是，我便迅速创办了癌症哲学门诊。

大动脉若被割开，人就会在30秒内死亡。在这样的局面下，来不及找人商量，也没时间犹豫。此时需要的是快速行动和果断。

不找人商量就开始做事，需要相应的觉悟。也就是"胆气"。

如果遇到说三道四之辈，不妨效仿南原繁大喝一声：

"我看起来像是适可而止的人吗！"

如果采取为自己辩护的态度，就会被对方抓住机会。

此外，开始做事的动机也很重要。是为了自己，还是为了他人或社会？

不要觉得自己什么也做不了。无论处境如何，都有你能做到的事。正如一个碱基就能诱发癌变一样，我相信，一个人也能撼动地球。

我创办癌症哲学门诊时就是一个人。如今，它已在全日本拥有80多个门诊部（癌症哲学门诊医疗咖啡店）。我的目标是让每15000人对应一个门诊部，虽然目前距离这个目标（全日本共8000多个门诊部）还很遥远，但我仍然没想到，在如此短的时间里就能发展到这种程度。

只要做的是真正的好事，必然会出现志同道合之士。

即使嘴上说得天花乱坠，也无法轻易说动别人，只有实际行动才能让别人动心。

我是癌症哲学门诊的创始人，但将该机构发展壮大的，是对这一活动产生共鸣并提供支持的人们。

从很久以前，以NHK（日本放送协会）为首的各家媒体就对癌症哲学门诊进行了采访报道。这已经超出了我的意料。

通过自己的独创性掀起流行风潮——我从菅野晴夫

第6章 小习惯使心灵富足

那里了解到,吉田富三就是这样的人。

真正的好事会成为社会现象。

只靠口头说服不了别人，行动才能让对方动心

一个人也能撼动地球。

难事大家一起做

我每个月都会在东京的东久留米举办读书会,主题书籍有新渡户稻造的《武士道》、内村鉴三的《留给后世的最大遗产》等。

从2007年开始,到2015年,已经进入了第9个年头。参加者形形色色,除了患者及家属,还有医生、家庭主妇、学生。

每次读书会,20来人围坐在一张大圆桌前。新渡户稻造的《武士道》,内村鉴三的《留给后世的最大遗产》《代表的日本人》等书,读过的人应该知道,内容非常艰深难解,没人能做到粗读一遍就理解。

正因如此,我才会举办读书会。既然是一个人难以读懂的书，召集大家一起来读就行了。

读书会上，先由一个人用大约15分钟的时间进行朗读，然后由所有参加者就大家都读过的部分进行讨论。

说是讨论，实则各抒己见，以个人的感想和意见为主。所有人都可以自由发言，这方面与详细分析内容的"学习会"有些不同。

《武士道》也好，《留给后世的最大遗产》《代表的日本人》也好，都不是读一遍就能弄懂的书，即使参加读书会也做不到马上就能理解。

但是没关系。不理解就不理解吧。

读完整本书——任何书都是如此，就会感受到"隐约的成就感"。这是我办读书会最看重的事。

自己读也好，大家读也罢，只要读完整本书，都能在家里和职场骄傲地说："我，彻底读完了新渡户的《武士道》。"

这很重要。

于我而言，读书会是一种回忆制造装置。只要能给所有参与者留下愉快的回忆，就已足够。能否理解书的内容则是另一回事。

一个人做不到的事，不妨召集众人一起去做，还能品尝到隐约的成就感。这种情况不仅限于读书。

难事可以召集大家一起做,这样既能留下愉快的回忆,又能长期进行下去。

**不要性子急地追求成果，
要重视隐约的成就感**

和别人一起做，

能留下愉快的回忆。

仔细观察每天发生的事

我有个习惯,每周写一篇约800字的短文。小学五年级时,班主任叫我写日记,自此便养成了这个习惯。从那以后,我一直都在坚持写日记(现在是写博客)。

养成了写文章的习惯,就会留意观察每天发生的大事小情,类似于生物学家把研究对象画成草图。如果只是为了留下记录,拍照片就可以了,但那样做不能培养观察力。

写作时有若干要点,下面介绍一下。

1.应该沿着时间轴写。从一周发生的事情中,选出有代表性的3件事,按照发生的先后顺序去写。

2.针对事件的感想和意见也可以写，但尽量不要反省。因为一旦开始反省，就会产生后悔的念头，为此束手束脚。况且回顾过去也无济于事，过去的事情就该放下。

3.字数可以自由决定。可以从200字左右开始，笔力变强以后，可以增至800字左右。

我也会向来癌症哲学门诊面谈的患者们推荐"写作"，因为通过观察每天发生的事，可以使患者关心自身以外的其他事物。

只写自己内心的情绪，心情不会舒畅。倘若心扉不能敞开，人是不会有活力的。

这样写下的文章，可以在博客上公开，也可以不公开。如果公开，最好不要允许读者评论。

这样做是为了确保自己不会因为对方的反应而或喜或忧。

通过写日记，
每一天都能认真生活

"写作"这种行为，
能使心扉敞开。

读书的收获多过亲身经历所得

从20多岁起，我便养成了每天用半小时读书的习惯。至于所读的书，从年轻时起就没什么变化，不外乎内村、新渡户、南原、矢内原等人的著作。

我会用红线把书中印象深刻的地方标示出来。迄今为止，我已无数次读过同一本书，而画红线的部分几乎毫无变化。

这些画红线的部分就成了开给患者的话疗处方。

前几日，日本放送协会的《特报首都圈》节目报道了癌症哲学。当时，作为解说员的非虚构作家柳田邦男先生提到了我"从年轻时开始的读书习惯"。于是，我很快就收到了多位观众发来的邮件，他们纷纷表示自己"深受感动"。

经常有患者问我:"您从不会感到生气、为难或烦恼吗?"当然也会。讨厌的事、为难的事,每天都有各种各样的事。但我不会纠结于这些事情,很快就会忘个干净。准确地说,我会"置之不理"。

那些事情绝非没有,在现实中都会发生。

尽管如此,也不要放在心上。每天都有问题发生,只要不去理会就行了。

所有人都一样,都会愤怒、悲伤、烦恼。不同之处在于,愤怒、悲伤、烦恼之后作何反应。这体现了一个人的气量。

我通过读书学会了"反应"的方法,而且很多事都是在自己亲身经历之前通过读书学会的。

因此,我觉得自己通过读书得到的收获,远远多过亲身经历所得。对于我的人生而言,书是不可或缺的存在。

有些人欲求益友而不得。

同样地,有些人欲求良师而不得。

在这一点上,阅读好书是任何人都能做到的。

良师、益友、读好书——在这人生三大邂逅当中,到最后的最后,能够独自做到的便是读书。

通过读书,我们能学到的东西远超亲身经历所得。

良师益友，求之未必可得，
阅读好书，任谁都能做到

在亲身经历之前，
不如先通过读书来学习应对困难的方法。

咬紧牙关夸赞别人

有的人不擅长夸赞别人，大概是以前从没练习过如何夸人吧。夸赞别人这种行为，并不是在仔细观察对方并了解对方以后才进行的，而是瞬间的行为。

不能左思右想，不然反而会发现对方的缺点，因为不管什么人都难免会有一两个缺点，这是没办法的事。

想夸谁，就要立刻行动。

妻子做的菜很好吃，就该说"好吃"。

妻子泡好茶端上来，就该说"谢谢"。

这些都是夸赞别人的话。

一位不离不弃、护理身患晚期恶性肿瘤的丈夫直到最后一刻的女士，向我坦露心声说：

"我丈夫的病早就没了治疗的意义,他的离开让我很伤心。但是,我们两人坚持到了最后,所以我不后悔。

托您的福,我也整理好了自己的心情。只有一件事很遗憾,就是我没能听他亲口说声'谢谢'。

要是他能在最后说声'谢谢',我将得到多大的安慰啊。现在只有这件事令我耿耿于怀。"

如果对方为你做了什么,请说一句积极的话表达谢意。不擅长夸赞别人的人,更要咬紧牙关夸赞对方。

只说一句就行。

对方就算只听到一声"谢谢",心情也会变好。

在我想来,那位因晚期恶性肿瘤而离世的男性,肯定也想用一声"谢谢"安慰妻子,可是他思前想后说不出口,以至于永远错失了机会。

倘若对于对方的心意或行为心怀感激,就该坦诚地说声"谢谢"。能开口说出"谢谢"之后,再肯定对方的为人,也就是要咬紧牙关夸赞对方。

如果总是愤怒、怨怼、逃避,对方就会离你而去。不能主动谅解对方,就只能永远一个人孤零零地生活。

为了谅解、接受各种事情,就要咬紧牙关夸赞对方。

只要努力接受,就能得到回报。

只要努力接受,
就能得到回报

如果总是抱着愤怒、怨怼等情绪,对方就会离你而去。

创造一个空阔无拘、来去随意的场所

为了创造一个能让所有深陷烦恼的患者毫无顾虑、随意来去的场所，我创办了癌症哲学门诊医疗咖啡店。目前，全日本约有80家这样的咖啡店。当然，是免费的。我的目的是创造一个这样的空间，能让我们医疗人士在轻松的氛围中与患者及家属面对面交谈。

创造"随意来去的场所"时，如果从一开始就定下各种规矩，反而会起反作用。因为这样会使气氛变得生硬，导致谈话无法顺利进行。

做好必要的准备即可，无须循规蹈矩。像癌症哲学门诊一样，只要准备桌椅、茶和点心，再召集一些温暖的外人（员工），就足以使来访者的心灵得到满足。

第6章　小习惯使心灵富足

有的人可能昨天还元气满满，却在一夜之间陷入抑郁之中。为这类人提供随意来去的场所尤为必要。

去气派的地方寻求救助也好，去华丽的场所吸取活力也罢。只不过，那些场所并不是任何人都能随便来去的，可能会令一些人不由自主地感到紧张。

新渡户稻造任第一高等学校的校长时，在学校附近租了一间公寓，对怀有烦恼的学生们开放。在本乡大街为怀有烦恼的学生们开一间咖啡店，则是时任东大校长的矢内原忠雄的梦想。

我效仿他们二人，创办了癌症哲学门诊和医疗咖啡店，其根本概念是"所有人都能随意来去的场所，去了就能有所收获"。在那些与我想法一致的人士的帮助下，医疗咖啡店才得以经营起来。

如果从一开始就定下规矩，
对方会感到紧张

可以随意来去的场所，
能够缓解人生的痛苦。

忙碌的模样使人心扉紧锁

　　在癌症哲学门诊，电脑、病历、纸、笔统统不用。基本上，我和患者之间只有茶水和点心。

　　而且，我会以"悠闲的面貌"，进行"伟大的管闲事"。

　　这是癌症哲学门诊的概念。

　　正如患者的揶揄——"3个小时的等待换来3分钟的诊疗"一样，大医院的医生向来忙不过来。之所以只能为一个患者诊疗这么短的时间，是为了尽可能多地诊治患者，所以这也是没办法的事。可是，面对忙得屁股浮在椅面上方5厘米处的医生，患者又怎么可能敞开心扉呢？

　　在这一点上，我就从容得多。绝不是说我闲得无事可做，而是我能按照自己的节奏安排时间，很容易就能让患者敞开心扉。

新渡户稻造似曾说过："大人物只会出自乡间。"理由是，"比起忙碌的都市人，住在乡间的人时间充裕，因此能够仔细思考，创造不囿于世间条框的属于自己的独创性潮流。"

随着互联网、智能手机的普及，时代和以前相比有了很大不同，但无论过去还是现在，"闲暇"都是有价值的。

大家最好让自己拥有更多闲暇。若是忙不过来，可以拜托别人。这样一来，自己要做的事情就会减少，从而得到闲暇。

很多事情即使自己不做，也会有其他人来做。这样的事情可以统统让给其他人去做。

下属不仰慕自己，找其他部门的人商量工作上的事。

家人和自己几乎毫无交流，就算有烦恼也不跟自己讲。

之所以出现这些情况，说不定正是因为你总是表现出"忙碌的面貌"。

你在听对方说话时，有没有盯着电脑屏幕，或是做其他事，或是频繁地看手表？如果你表现出忙碌的模样，对方就不会敞开心扉。

此外，若能表现出张开怀抱的姿态，就完美了。

张开怀抱意味着不设防。如果摆出戒备设防的姿态，对方就会感到畏惧，不会投入你的怀抱。

表现出有闲暇的、不设防的姿态，对方才会向你敞开心扉

闲暇有很大的价值。

请为身边的人创造闲暇。

若是觉得人生太累，不妨去墓地看看

若是觉得人生太累，不妨去墓地看看。

到了墓地，可以体会到人生的虚无。

从死亡的角度重新审视人生，就会生出忍耐力。有了忍耐力，就会生出品格。有了品格，就会涌起生的希望。

再怎样伟大的人，终究不免一死，而死后只会留下棺材大小的坟墓。

以前，我觉着活得累了，就会去多磨陵园散步。那里有我所敬爱的新渡户稻造和南原繁的陵墓。

不管在世时多么风光，死后都会被埋在棺材大小的坟墓里。纵是新渡户和南原那样的人物，也不例外。

我之所以无数次拜读新渡户和南原等人的书，就是为了聆听这些先人的对话。他们已经故去，无法直接求教，但是通过读书，就能"聆听"他们的对话。

实际上，去墓地也是出于同样的理由。

去新渡户和南原长眠的陵园，面对棺材大小的坟墓，思考自己今后的人生（生活的核心）。

即使感到疲惫，即使心怀烦恼，通过再次认识到"任谁死后都会如此"的道理，受伤的心灵就会被不可思议的力量治愈。

我们终归只会留下棺材大小的坟墓

无论你我，
最终都会回到同一个地方。

出版后记

  我们终究是凡人，所以会对死亡心生忌惮，会对失去掌控的流逝时光感到惶恐至不敢言说。无论表面有多么坦然无畏，但在得知生命临近终点的那一刻，每个人都会如堕深渊，时时担心身后的死神会突然站在自己面前，一颗心悬在半空无处安放。这种心情如病毒般弥漫扩散，折磨着每一个患病的人及其亲友。

  肿瘤学教授樋野兴夫发现了这个消耗人们生活热情的心理黑洞，他清楚地认识到在现代医疗中所欠缺的正是心理治疗，只有重新获得生活的勇气，病患才能用最佳的精神面貌对抗疾病。这既是，医病之外，更要医心。

  为此，他开设了"癌症哲学门诊"，以专业知识进行心理疏导，为每一个陷入迷途的人开出富有针对性的"话疗处方"，借语言的力量指引他们找到比生命更重要的事。每一分，每一秒，只要还活着，就有只有你才能做到的事，你的人生就有无可推卸的责任。如何过好当下，珍惜自己

出版后记

业已拥有的生命，这才是我们最应该关心的事。

无论过程怎样，从出生起我们便注定会走向死亡，直面它，接受它，甚至拥抱它，这是人生旅程中必然面对的命题。希望我们在为此生画上句号时，都能像哲学家维特根斯坦一样坦然说出结语："告诉他们，我度过了极好的一生！"

服务热线：133-6631-2326　188-1142-1266

服务信箱：reader@hinabook.com

后浪出版公司

2017年9月

图书在版编目（CIP）数据

纵然明日离世，不碍今日浇花 /（日）樋野兴夫著；程亮译. -- 南昌：江西人民出版社，2017.10

ISBN 978-7-210-09746-4

Ⅰ. ①纵… Ⅱ. ①樋… ②程… Ⅲ. ①人生哲学—通俗读物 Ⅳ. ①B821-49

中国版本图书馆CIP数据核字（2017）第221189号

ASUKONOYOWO SARUTOSHITEMO KYONOHANANI MIZUWOAGENASAI
Copyright © OKIO HINO, GENTOSHA 2015
Chinese translation rights in simplified characters arranged with GENTOSHA INC.
through Japan UNI Agency, Inc.

本书中文简体版由银杏树下（北京）图书有限责任公司出版发行。

版权登记号：14-2017-0449

纵然明日离世，不碍今日浇花

作者：[日]樋野兴夫　译者：程亮
责任编辑：冯雪松　特约编辑：俞凌波　筹划出版：银杏树下
出版统筹：吴兴元　营销推广：ONEBOOK　装帧制造：观止堂_未氓
出版发行：江西人民出版社　印刷：北京京都六环印刷厂
889毫米×1194毫米　1/32　6印张　字数96千字
2017年10月第1版　2017年10月第1次印刷
ISBN 978-7-210-09746-4
定价：36.00元
赣版权登字-01-2017-698

后浪出版咨询（北京）有限责任公司　常年法律顾问：北京大成律师事务所　周天晖 copyright@hinabook.com
未经许可，不得以任何方式复制或抄袭本书部分或全部内容
版权所有，侵权必究
如有质量问题，请寄回印厂调换。联系电话：010-64010019